AF498385

RAPPORT

SUR LE GUANO,

MIS EN COMPARAISON

AVEC LES ENGRAIS ESMEIN ET GALLARD,

PAR M. PHELIPPE-BEAULIEUX,

PRÉSIDENT DE LA SECTION DE L'AGRICULTURE, DU COMMERCE
ET DE L'INDUSTRIE.

MESSIEURS,

La Section d'Agriculture nous a encore invité, cette année, à continuer nos essais comparatifs d'engrais sur la ferme de Châtillon, en Sautron, arrondissement de Nantes. Ces essais ont été répétés, pour la seconde fois, entre l'engrais de M. Esmein fils et l'engrais du sieur Gallard, dont les fermiers font usage. A ces deux en-

grais, nous avons, sur votre invitation, adjoint un nouvel engrais connu, dans le commerce, sous le nom de
Guano, et que les bâtiments de la marine marchande de
l'Angleterre ont importé en Europe des îles de la mer
du Sud (1).

C'est pourquoi nous avons fait prendre, en juin, trois
hectolitres au dépôt des engrais de M. Esmein fils, situé prairie au Duc, sur les Ponts, et en même temps
nous nous sommes procuré un sac de guano, du poids
de 43 kilogrammes, au dépôt de M. Harmange jeune,
maison Chaurand, au bas de la Fosse, à Nantes.

Malgré notre zèle à répondre aux désirs manifestés
par MM. les membres de la Section, nous n'avons pu
répéter nos essais comparatifs que sur les céréales du
printemps, c'est-à-dire sur les blés noirs; mais, parmi
cette récolte si précieuse pour les cultivateurs et les ha-
bitants de la rive droite de la Loire, dont elle est la
moitié de la nourriture, nous avons cru devoir introduire
des récoltes dérobées de navets, afin de juger avec plus
de précision les qualités diverses de ces amendements.

Les essais de ces trois engrais ont eu lieu simultané-
ment, partie sur un sol défriché dans l'hiver de 1842,

---

(1) Cet engrais, par suite d'un traité spécial, conclu entre l'Angleterre et le gouvernement bolivien, doit encore être monopolisé
par l'Angleterre pendant trois ans; après ce laps de temps, nous
espérons que notre agriculture pourra profiter plus facilement d'un
amendement précieux qui, dans tous les sols où il a été employé,
a produit les effets les plus actifs et les plus surprenants qu'aient
jusqu'à ce jour remarqués les agriculteurs de notre pays.

et partie dans un champ nommé le Butar, et défriché
dans l'hiver de 1843.

Le premier avait été mis dans un bon état de labour;
la surface présentait une couche de terre de bruyère,
très-noire, d'une épaisseur de 16 centimètres, qui re-
posait sur un sous-sol de terre alumineuse compacte. A
l'aide d'un labour profond, exécuté régulièrement, le cultivateur avait introduit à peu près un tiers de la terre
alumineuse parmi la terre de bruyère. Le champ n'avait
pour abri que des fossés de deux mètres de hauteur,
sans arbres, et nouvellement élevés.

Le second champ, nommé le Butar, situé à quelque
distance de Châtillon, dans la lande des Tertreaux, sur
une pente douce, au sud du vieux moulin, offrait les
mêmes éléments de terre de bruyère et de terre alumineuse que le précédent; mais avec cette différence qu'il
était plus à l'essor et la terre plus brûlante, par sa posi-
tion. Cette terre, encore vierge, avait été défrichée à la
charrue, et ensuite elle avait été tranchée et ameublie
avec la bêche. Après plusieurs hersages très-énergiques
qui s'entre-croisaient, et après avoir passé et repassé le
râteau à trois fois différentes, dans un intervalle de
quinze jours, le sol présentait une surface unie et très-
meuble qu'il est difficile de rencontrer dans un champ
défriché de l'année. Aussi en ai-je, à plusieurs fois, té-
moigné ma satisfaction toute particulière aux deux frères
Jean et René Drouet, ces intelligents et laborieux cultivateurs qui, depuis trois ans, ont exploité la ferme
de Châtillon, terre précédemment sous landes, où ils
ont, par une culture alterne très-soignée, obtenu les

plus belles récoltes de la commune, en choux, navets, pommes de terre, froments, blés noirs et seigle, et qui ont été, pour les fermiers du voisinage, un sujet continuel d'étonnement. Reprenons :

Nos semailles ont eu lieu du 7 au 18 juin, sous une température douce le jour, et humide la nuit, par l'effet des rosées, c'est-à-dire sous les éléments atmosphériques les plus favorables que le cultivateur puisse, à cette époque, désirer pour le succès de ses travaux.

Dans le premier champ, celui défriché en 1842, un hectolitre de l'engrais Esmein a été répandu avec régularité sur une surface de 15 ares, et 15 kilogrammes de guano ont été répandus avec soin sur une étendue de 5 ares. Le reste du champ était fumé avec de l'engrais de M. Gallard, en pareille quantité que l'engrais Esmein.

Dans le second champ, défriché dans l'hiver de 1843, nous avons fait répandre deux hectolitres de l'engrais Esmein sur 30 ares, et 25 kilogrammes de guano sur 8 ares, tandis que les autres parties du champ avaient reçu, comme le premier, pour amendement, de l'engrais de M. Gallard, en égale quantité. Ce sol, ainsi que le précédent, avait pour abri des fossés de deux mètres nouvellement élevés.

La température du printemps a été entremêlée de quelques jours de soleil, accompagnés d'une fraîcheur très-intense, peu ordinaire, produite par l'abondance des pluies jusque vers le mois d'août; cette température rude, suivant l'expression de nos laboureurs, est venue diminuer les chances de succès, que nous avions droit d'attendre

de ces essais comparatifs, exécutés avec toute cette ponc-
tualité que nous avions tant recommandée.

Dans l'inspection que nous avons faite, vers la fin de
juillet, nous avons remarqué, entre les blés noirs et les
navets venus sur ces trois sortes d'engrais, des diffé-
rences physiologiques importantes, très-prononcées, et
que nous allons successivement faire connaître, avec les
détails nécessaires.

Le blé noir, semé sur le guano, présentait des tiges
dont l'élévation dépassait de 15 centimètres, ou d'un quart,
les tiges du blé noir, semé sur les engrais Esmein et Gallard. Cependant, nous ne devons pas omettre de faire connaître que ces deux derniers engrais, bien qu'ils fussent
paralysés en partie par l'intempérie froide et humide de
la saison, agissaient encore avec une énergie assez
grande ; mais l'équité veut aussi que nous déclarions que,
sur quelques points, la végétation, produite par l'engrais
Esmein, dépassait de plusieurs centimètres, la végétation
de l'engrais Gallard, et venait parfois rivaliser, sous le
rapport de la hauteur, avec la végétation que donnait le
guano.

Quant au blé noir semé sur le guano, cette céréale,
au premier aspect, était remarquable par une luxuriance
de végétation extraordinaire. Le chaume avait poussé
vigoureusement ; il était charnu, rameux, feuillu, fort
souple ; les feuilles plus larges, plus épaisses et nuan-
cées d'un beau vert très-resplendissant. Ces divers
signes, auxquels venaient se réunir un suintement
léger qui couvrait les feuilles, et une fraîcheur conti-
nuelle sur le sol, au pied de la tige, annonçaient les effets

de l'engrais les plus énergiques, et tels que les autres agronomes les ont déjà signalés sur divers points en France. Aussi ce blé noir était en fleur de tous côtés, tandis que les blés noirs sur les engrais Esmein et Gallard n'avaient, à cette époque, nulle apparence de floraison. A la fin d'août, ces trois récoltes avaient acquis leur élévation naturelle. Seulement la récolte sur l'engrais Esmein s'élevait, dans beaucoup de points, à la même hauteur que la récolte sur le guano, c'est-à-dire à 1 mètre 18 centim., et quelquefois au-dessus, alors que la récolte provenue de l'engrais Gallard restait constamment inférieure à celle du guano. Ces trois récoltes, malgré le froid et les pluies, auraient encore donné un produit peu ordinaire pour l'année, chacune en son espèce d'engrais, si les orages, les brouillards et les vents d'ouest, qui ont été fréquents en août et en septembre, n'eussent porté un notable préjudice aux récoltes des engrais Esmein et Gallard. La première surtout avait le plus souffert; car les vents qui ont régné au mois de septembre, avaient, dans les deux champs, abattu, *brisé et brûlé* le chaume; le grain était demeuré desséché, égrené et racorni sur les sillons, par l'âpreté du soleil qui avait succédé aux brouillards du matin. La récolte sur le guano, plus heureuse que les deux autres, n'avait point éprouvé un dommage aussi considérable, sans doute grâce à sa tige plus vigoureuse; elle était restée courbée sur les sillons, *sans égrener et même sans être brûlée.* Une légère rosée continuait encore d'humecter ses larges feuilles; au-dessous, le sol se maintenait constamment imprégné d'une fraîcheur modérée, quoique le

champ fût resté sec sur les autres points. Ce chaume,
souple comme un jonc marin, se faisait aussi remarquer
par sa couleur verdâtre et par son poids; au contraire,
les chaumes des deux autres récoltes se distinguaient
par une paille devenue légère, sèche, grêle, fragile,
dégarnie de feuilles, et colorée d'une belle teinte rou-
geâtre, très-foncée.

Les trois récoltes furent faucillées, en même temps, vers
la fin de septembre. A cette époque, deux avaient atteint
une maturité, sinon parfaite, du moins une sorte de maturité qui était l'effet des brouillards et surtout de l'ac-
tion brûlante des vents; quand, au contraire, la récolte
produite par le guano, très-peu endommagée, éprouvait
un retard de quinze jours pour obtenir le même degré
de maturité; bien que semée en même temps, elle était
parvenue en floraison vingt jours auparavant les autres.
Le produit en paille a donné un quart de plus; et cette
paille, qui était demeurée garnie de feuilles vertes et
nombreuses, portait des glumes très-resserrées, qui con-
tenaient des grains plus développés, plus nourris, plus
rebondis; elle a exigé, dans l'opération du battage, plus
de soins et plus de temps que nos cultivateurs ne sont ac-
coutumés d'apporter à ce travail.

La différence, remarquée entre ces récoltes de céréales,
existait encore, pour la végétation, entre les navets; les
navets, semés sur le guano, l'emportaient de beaucoup sur
les autres, autant par la largeur et la verdure foncée et
brillante des feuilles, que par la grosseur et la longueur
des racines. La partie supérieure des feuilles, comme
dans le blé noir, était couverte d'une légère rosée, les

autres étant à peu près sèches. Avant de clore cette série d'observations, nous ferons remarquer que, les trois récoltes, dans le champ du Butar, c'est-à-dire, dans le défrichement de 1843, étaient restées un peu inférieures aux récoltes de Châtillon.

Nous estimons, pour le produit en grains, que la récolte sur guano nous a donné, en ces deux essais, à raison de 24 hectolitres par hectare, rendement qui constitue un heureux résultat et en même temps une fort bonne récolte pour l'année.

Et que les engrais Esmein et Gallard ont produit à raison de 18 à 19 hectolitres à l'hectare, c'est-à-dire un rendement ordinaire, rendement qui aurait pu s'accroître d'environ 2|18, chiffre auquel nous faisons monter, à peu près, les dommages éprouvés par les brouillards et le versement sur les sillons.

D'après les expériences précitées, nous pensons que, pour la fumure d'un hectare, dans notre sol de lande, à Sautron, il faut employer 7 hectolitres de l'engrais Esmein pesant 700 kilogrammes, à 9 fr. l'hectolitre. . . . 63 fr.
ou 7 hectolitres de l'engrais Gallard, pesant 700 kilogr., à 13 fr. l'hectolitre, c'est. 91

Et 7 sacs de guano, chacun de 50 kilogr., en poids 350 kilogr., au prix de 12 fr. le sac. . . . 84 fr.

Les calculs ci-dessus, pour la quantité des engrais, sont presque toujours modifiés à raison de la qualité plus ou moins fertile de la terre où ils sont enfouis; et ces calculs, que nous croyons très-précis pour la localité de nos expériences, seraient, sans doute, infructueux pour d'autres localités dont le sol est plus brûlant ou plus froid, plus sec ou plus humide, et ne pourraient être ici considérés, non comme établissant une base générale, mais bien comme donnant un simple aperçu que l'expérience des agriculteurs est appelée à modifier, suivant la nature du sol qu'ils cultivent, et les récoltes qu'ils veulent obtenir.

Bien que nous soyons convaincu, par nous-même, de l'énergie de l'engrais de M. Esmein fils, d'après nos essais comparatifs en 1842 et en 1843, et de la puissance bien plus énergique encore du guano, par la seule expérience de 1843, nous devons cependant, Messieurs, vous avouer que, si l'année 1842 s'est fait remarquer dans nos régions de l'Ouest, et surtout dans ce département, par une sécheresse inaccoutumée, et par une chaleur dévorante qui ont dû neutraliser, non pas seulement les effets que nous attendions de l'engrais Esmein mis par vous en comparaison avec les engrais Aubré, de Nantes, et Ducoudré, de Paris (1), mais encore les effets de tous les autres engrais pulvérulents, employés dans cette année-là, nous devons également vous avouer que la température de 1843, si variable,

---

(1) Dans les essais comparatifs, en 1842, entre les engrais Aubré et Gallard, sur une semaille de seigle, l'engrais Aubré a donné un rendement moindre d'un tiers, et moindre d'une moitié sur une semaille de froment ; tandis que les essais entre les engrais Esmein, Gallard et Ducoudré, sur des semailles de blé noir, ont produit un rendement égal pour les deux premiers, et inférieur d'un tiers pour le dernier.

tantôt froide, tantôt humide, quelquefois chaude et chargée d'électricité, qui a constamment régné pendant le printemps et l'été, nous a indubitablement privé de vous annoncer tous les effets, que nous espérions obtenir des récoltes de blé noir, semées sur l'engrais Esmein, et principalement sur le guano.

Si vous jugez utile d'entreprendre un troisième essai, ce qui, sans doute, n'aura pas lieu sous des variations atmosphériques aussi anormales qu'en 1842 et 1843, nous pourrions tous mieux apprécier et faire connaître avec plus de précision à nos concitoyens les diverses qualités de l'engrais que M. Esmein a bien voulu soumettre à nos travaux. La Section d'Agriculture nous trouvera toujours disposé à suivre, par nous-même, les expériences qu'elle voudra confier à nos soins dans un but de progrès pour la culture du pays (1).

---

(1) DOCUMENTS COMMERCIAUX. — BOLIVIE, EXPLOITATION DU HUANO, ENGRAIS.

Une précédente communication avait fait connaître qu'une association s'était formée entre le gouvernement bolivien et plusieurs maisons de commerce pour l'exploitation du huano, dont des dépôts considérables existent sur les côtes de cette république. De nouveaux renseignements transmis de Chuguisaca, sous la date du 15 août dernier, montrent que les espérances conçues en Bolivie, comme au Pérou, sur l'immense débouché promis au huano, ne se sont pas réalisées, et que, par suite de la *dissolution de la compagnie exploitante*, le gouvernement bolivien se trouve sous le coup du remboursement de 1,500,000 fr. qui lui avaient été avancés par les contractants sur la part qu'il s'était réservée dans les bénéfices de l'exploitation.

(Extrait du *Moniteur* du 21 novembre 1843.)

Nous tenons en réserve un hectolitre d'engrais que l'obligeance de M. Emile Favre, au Beau-Séjour, sur les Ponts, a bien voulu nous remettre. La saison trop avancée n'a pas permis d'en faire usage jusqu'à présent. Nous destinons ce nouvel engrais à une expérience importante, que nous comptons pratiquer dans un canton de prairie, où l'herbage est constamment resté inférieur en qualité de pacage et de foin, par l'effet de la situation du terrain. Plus tard, quand nous aurons obtenu des résultats précis, nous nous empresserons de les transmettre à MM. nos collègues de la Section d'Agriculture, du Commerce et de l'Industrie.

Aux Croix, 4 octobre 1843.

Nantes, imprimerie de Mme v.^e Camille Mellinet. — 38,076.

www.ingramcontent.com/pod-product-compliance
Lightning Source LLC
LaVergne TN
LVHW051348200726
843510LV00002B/898